FORMELN UND WERTE

FÜR DEN KONSTRUKTEUR 2. TEIL

VON

RICHARD ZAWADZKI

1947

LEIBNIZ VERLAG (BISHER R. OLDENBOURG VERLAG) MÜNCHEN

Im gleichen Verlag erscheinen unter Lizenz Nr. US-E-179
Formeln und Werte für den Konstrukteur, erster Teil, von Rich. Zawadzki
Tabellen für den Konstrukteur, von Rich. Zawadzki
Berechnungsbeispiele für den Konstrukteur, von Rich. Zawadzki
Sachverzeichnis für Formeln, Werte und Tabellen von Rich. Zawadzki

Abs.	INHALTSVERZEICHNIS
153	**Wärme**
154	Bezeichnungen
155	Temperaturen
156	Wärmeeinheiten
157	Spezifische Wärme
158	Wärmeleitzahl
159	Ausdehnung
160	Ausdehnungskraft
161	Schmelzwärme
162	Wärmeleitung
163	Wärmestrahlung
164	Heizwert
165	Tabellennachweis
166	**Festigkeit**
167	Bezeichnungen
168	Festigkeitszeichen
169	Grundbegriffe
170	Sicherheitswerte
171	Festigkeits-Mindestwerte
172	Zug und Druck
173	Knickung
174	— Eulersche Formeln
175	— Knickzahl-Verfahren
176	— Erfahrungsformeln
177	— Sicherheitswerte
178	Drehung, Drillung
179	— Formeln
180	— Drillmomente
181	Schub, Scherung
182	— Parabolisches Verteilungsgesetz
183	— Tabellennachweis
184	Biegung
185	— Trägheitsmomente
186	— Träger mit versch. Lagerung usw.
187	Zusammengesetzte Festigkeit
188	— Schub — Biegung
189	— Verdrehung — Biegung
190	— Zug, Druck — Verdrehung
191	**Maschinenbauteile**
192	Gefäße
193	Platten
194	Federn
195	Zahngetriebe
196	— Bezeichnungen
197	Zahn-Stirnradgetriebe
198	— — Verzahnung
199	— — Zahnarten
200	— — Berechnung
201	— — Radkörper
202	— — Umfangskraft
203	— — Umfangsgeschwindigkeit
204	— — Biegebeanspruchung
205	— — Reibungsverlust
206	— — Wirkungsgrad
207	— — Null-Räder
208	— — Vau-Räder
209	— — Planverzahnung
210	— — Kegelräder
211	— — Schrägräder
212	— Schraubengetriebe
213	— — Kräfte
214	— — Geschwindigkeit
215	— — Übersetzungsverhältnis
216	— — Drehsinn

(Fortsetzung siehe S. 16)

Druck: R. Oldenbourg, Graphische Betriebe G. m. b. H., München

153. WÄRME

154. Bezeichnungen:

C	Celsius-Temperatur	M	Molekulargewicht	α lin. Ausdehnungszahl
c	spez. Wärme	P	Kraft kg	β Flächen- „
E	Elastizitätsmodul	Q	Wärmemenge	γ kubische „
F, f	Fläche	R	Reaumur-Temp.	γ spez. Gewicht
H_w	Heizwert,	t	Temperatur	λ Wärmeleitzahl
	„ bez. auf 1 m³	$t_1\ t_2$	„ Anfang- bzw.	λ Verlängerung in m
h_w	„ „ „ 1 kg		End-	Zeiger x = Endwer
kcal	Kilogrammkalorie	V	Volumen	Zeiger o, u = oberer
l	Länge	δ	Dicke	bzw. unterer Wert

155. Temperatur: $1^\circ C = {}^4/_5{}^\circ R = {}^9/_5{}^\circ F$; $1^\circ R = {}^5/_4{}^\circ C = {}^9/_4{}^\circ F$; $1^\circ F = {}^4/_9{}^\circ R = {}^5/_9{}^\circ C$. t = Temperatur vom Eispunkt aus gemessen in °C [abs. Nullpunkt -273° C]. T = Temperatur vom absol. Nullpunkt aus gemessen $= t + 273{,}16$ in °K [Kelvin]

156. Wärmeeinheit = Kilogrammkalorie (kcal) ist die erforderliche Wärmemenge, um die Temperatur von 1 kg Wasser bei Atmosphärendruck um 1°C, und zwar von 14,5° auf 15,5°C zu erhöhen. [1 kcal = 427 mkg = mech. Wärmeäquivalent]

157. Spezifische Wärme eines Körpers ist die erforderliche Wärmemenge, um die Temperatur von 1 kg des Körpers um 1° zu erhöhen [Tabelle 52 bis 55]. $Q = G \cdot c \cdot (t_2 - t_1)$ [kcal] [$t_2 - t_1$ = Temperaturunterschied. $G = Q : c\,(t_2 - t_1)$, bei c = konstant

158. Wärmeleitzahl λ in kcal/m h° ist die Zahl von kcal, die in einer Stunde von 1 m² Fläche eines Stoffes auf eine 1 m² andere Fläche übergeht bei 1 m Abstand und 1° Temperaturunterschied

159. Ausdehnung λ ist die Verlängerung in cm der Längeneinheit bei Erhöhung um 1°C; $\beta = 2\alpha$; $\gamma = 3\alpha$; vollk. Gase $\gamma = 1 : 273{,}16^\circ$; $\lambda = \alpha\,(t_2 - t_1)\,L$ [$\alpha\,\beta$ siehe Tab. 54, 55]. Für feste Körper angenähert: $l_x - l = l\alpha\,(t_2 - t_1)$; $F_x - F = F\,2\alpha\,(t_2 - t_1)$; $V_x - V = V \cdot \gamma\,(t_2 - t_1)$

160. Ausdehnungskraft bzw. Zusammenziehungskraft $P = E \cdot F \cdot l \cdot \alpha$ [kg]

161. Schmelzwärme ist die Anzahl kcal, die verbraucht werden, um 1 kg des Körpers aus dem festen in den flüssigen Zustand zu bringen ohne Temperaturerhöhung

162. Wärmeleitung durch die ebene Wand $Q_h = (t_{w1} - t_{w2}) \cdot F \cdot \lambda : \delta$; durch die Wand eines Rohres $Q_h = L\,(t_i - t_a) \cdot 2\lambda\pi : \ln\,(d_a : d_i)$ [kcal/h]. Wärmeleitzahlen λ: [für Metalle siehe Tab. 54]

Beton tr. (1000)	0,31	Glas	0,4 —0,9	Holz, Eiche	rad. 0,15
(2000)	0,77	Gummi	0,1 —0,2	„ , Fichte, Tanne	rad. 0,10
Boden nat.	0,5 —1,1	Linoleum (1200)	0,15	Sandstein (2200)	1,6
Torfmull tr.	0,06				
Ziegelmauer innen	0,6				
„ außen	0,75				

[Die eingeklammerten Zahlen geben das spez. Gewicht in kg/m³ an]

Wärmeleitzahl ist die Anzahl der kcal, die stündlich durch 1 m² Querschnitt hindurchfließt, wenn auf 1 m Strecke 1°C Temperaturgefälle besteht

163. Wärmestrahlung ist der Wärmeaustausch zweier sich gegenüberstehender Körper. Stefan-Boltzmann-Gesetz: $Q = cfz\,[(273 + \vartheta : 100)^4 - (T : 100)^4$ (z = Stundenzahl) für schwarze Körper $c = 4{,}6$; für Holz, Papier, Mauerwerk $c \backsim 4$. [δ = Temperatur des umgebenen Körpers.]

164. Heizwert bezogen auf 1 m³ Brennstoff bei 15°C und 1 at $H_w = h_w\,M : 24{,}4$ [kcal] [Werte h_w siehe Tabelle 58, für M Tab. 55]

165. Wärmeeigenschaften und Werte:

		Heizwerte	Tab. 58
spez. Wärme f. Nichtmetalle	Tab. 52	Wärmewerte für Metalle	Tab. 54
„ „ „ Legierungen	Tab. 53	„ f. Flüssigkeiten, Gase	Tab. 55
Glühfarben, Anlaßfarben	Tab. 56	Längenschwindmaße	Tab. 57

166. FESTIGKEIT (Hierzu Tab. 1 ÷ 31)

167. Bezeichnungen:

- A Arbeit mkg
- A Auflagedruck kg
- B Auflagedruck kg
- D, d Durchmesser cm
- E Elastiz.mod. kg/cm²
- e gr. Abst. v. d. Mitte
- F Fläche, Querschnitt cm²
- G Gleitmodul kg/cm²
- G Schubmodul $1/\beta$ kg/cm²
- J Trägheitsmom. cm⁴
- i Trägheitshalbmesser
- K Knickkraft

- L, l Länge m, cm
- M Moment kg/cm
- P Kraft, Betrieb kg
- Q Last kg
- R, r Halbmesser cm
- S Sicherheitswert
- V Volumen cm³
- W Widerstandsmom. cm³
- α Dehnzahl
- β Schubzahl $1 : G$ cm²/kg
- γ Schubwinkel
- γ spez. Gew. kg/dm³
- δ Wandst,-dicke cm

- ε Längsdehnung cm
- η Konst. f. Drillung
- η Wirkungsgrad
- ϑ Drillung $= \Psi$ für $l = 1$ cm
- λ Schlankheitsgrad
- λ Längenzunahme cm
- μ Querzahl (Schuh)
- σ siehe Absatz 168
- τ siehe Absatz 168
- ψ Drillwinkel f. $l = 1$ cm
- ω Knickzahl
- Zeiger-Bezeichnung siehe Abs. 168
- $f =$ Durchbiegung

168. Festigkeitszeichen:

Begriffe		neu	alt
zulässige Spannungen	Zug	σ_z zul	k_z
	Druck	σ_d zul	k
	Biegung	σ_b zul	k_b
	Drehung	τ_t zul	k_d
	Schub	τ_s zul	k_s
Festigkeit gegenüber wirklicher Spannung	Zugfestigk.	σB	K_z
	Druck ,,	σB	K
	Biegungs ,,	σB	K_b
	Drehungs ,,	τ	K_d
	Schub ,,	τB	K_s

- σ_u Ursprungsfestigkeit
- $\sigma_{bW}\ \sigma_{zW}\ \tau_{tW}$ Wechsel-Schwingfestigk.
- $\sigma_B\ \sigma_{dB}$ Zug-, Druckfestigkeit kurz vor dem Bruch
- σ_{bB} Biegungsfestigkeit kurz vor dem Bruch
- σ_F Streckgrenze
- $\sigma_{0,2}$ Spannung bei der Dehnung 0,2 %
- σ_E Elastizitätsgrenze
- σ_D Dauerfestigkeit
- σ_{dF} Quetschgrenze
- δ_{10} Bruchdehnung ($l = 10\,d$)
- σ_K Knickfestigkeit

Zeiger d. z, b, t, s, a, k; für Druck, Zug, Biegung, Drehung, Schub, Abscherung, Knick

169. Grundbegriffe

Elastizitätsmodul $E = 1 : \alpha$ [kg/cm²] ist die Spannung für die Dehnung 1. Gleitmodul, Schubmodul G [kg/cm²] ist die Spannung für die Schubzahl 1; $\gamma = \beta\tau$; $\tau = G\gamma$. Dehnzahl, Dehnungskoeffizient α [cm²/kg] ist die Dehnung für die Spannung 1. Längsdehnung $\varepsilon = \alpha\sigma$; $\sigma = E \cdot \varepsilon$, + für Zug; — für Druck. Zähigkeit ist, wenn der Werkstoff beim Bruch große, bleibende Veränderung zeigt. Sprödigkeit ist, wenn der Werkstoff beim Bruch keine wesentliche Verformung zeigt. Statische Festigkeit σ_B = Spannung je Flächeneinheit kurz vor dem Bruch. Proportionalitätsgrenze: Spannung und Dehnung sind proportional. Trägheitsmoment der Fläche, bezogen auf beliebige Drehachse, ist die Summe der Produkte aus Flächenteilchen df und dem Quadrat ihres Abstandes von der Achse. Äquatoriales Trägheitsmoment J bezieht sich auf die Achse, um die sich jeder Querschnitt dreht, die also in der Querschnittsebene liegt. Polares Trägheitsmoment J_p = Trägheitsmoment einer Fläche bezogen auf die Achse. Widerstandsmoment W = Trägheitsmoment dividiert durch den Abstand [e] der äußeren Phase des Querschnittes von der neutralen Achse

170. Sicherheitswerte:

		Werkstoffeigenschaften	S
Ruhend	Verformung bei zähem Werkstoff	$\sigma_{0,2}\ \sigma_D$ (in Wärme)	1,1 bis 1,8
	Bruch bei sprödem Werkstoff	$\sigma_{zB}\ \sigma_{dB}\ \sigma_{bB}\ \tau_{tB}$	1,8 ,, 3,0
	Knickung	σ_K	2,5 ,, 5,0
Wechselnd	Dauerbruch	$\sigma_W\ \delta_U\ \tau_W$	1,8 ,, 3,0
	Knickung	σ_K	3,0 ,, 8,0

171. Festigkeits-Mindestwerte. kg/mm² (Nennsp. s. Tab. 1) kg/mm²		St 37.11	St 50.11	Stg 45.81	Ge 14.91	Ge 26.91	Guß Silumin	ausgehärtet Duralum.
Streckgrenze	σ_F	20	28	22	—	—	8	22
bei ruhender Last	σ_B	37	50	45	14	26	17	34
bei ruhender Biegung	σ_{bB}	—	—	—	28	46	—	—
Wechselschwingungen	σ_{bW}	14	19	16	6	10	4,5	10
Wechselschwingungen	τ_{tW}	8	11	9	5	8	2,7	6,5

172. Zug und Druck

$P = F\sigma_z \text{zul}$; $P = F\sigma_d \text{zul}$; $\varepsilon = \alpha\sigma = \sigma : E$; $\lambda = \varepsilon l = \alpha l \sigma = Pl : EF$ in cm;

Schrauben Kern $\sigma_z = P_a : (d^2 \pi/4)$;
,, Mutter $\sigma_z = 3\, P_a : D\, h \cdot \pi$;
[P_a s. Abs. 229]

rohes Gewinde St 38 $\sigma_z = 480$ kg/cm²
gedrehtes ,, St 38 $\sigma_z = 600$ kg/cm²
St 60 $\sigma_z = 640$ kg/cm²
St 60 $\sigma_z = 800$ kg/cm²

,, $\eta = \text{tg}\, \gamma : \mu_1$ (γ = Steigungswinkel) Selbsthemmung $\eta = 50\%$

173. Knickung (P = Betriebslast; K = Knickkraft)

$$P = K = \pi^2 E J : l^2;\ \sigma_k = K : F = \pi^2 E : \lambda^2 = \pi^2 E J : l^2 F$$
$$\lambda = l : i = l : \sqrt{J : F};\ i = \sqrt{J : F};\ \sigma_d = \sigma_k : S = K : FS;\ S = K : P$$

174. Eulersche Formeln: Mit Querkraft wird z. B. $K = (\pi^2 E J : l^2) \cdot 1 : [1 + \pi^2 J E) : (l^2 G F')]$

$P = K = \frac{1}{4} \cdot \pi^2 E J : l^2$;	$K = \pi^2 E J : l^2$;	$K \approx 2\pi^2 E J : l^2$;	$K = 4\pi^2 E J : l^2$;
$\lambda_{gr} = \frac{1}{2}\pi \sqrt{E : \sigma_{Fd}}$;	$= 1\,\pi \sqrt{E : \sigma_{Fd}}$;	$= \sqrt{2}\sqrt{E : \sigma_{Fd}}$;	$= 2\pi \sqrt{E : \sigma_{Fd}}$

175. Knickzahl-Verfahren zur Ermittlung des Querschnittes: Die Knickzahl ω ist das Verhältnis der zulässigen Spannung zu der mit dem Schlankheitsgrad λ veränderlichen zulässigen Knickspannung

$$\omega = \sigma_{zul} : \sigma^{\lambda}_{d\,zul} = F\sigma_{zul} : P;\ F = \omega P : \sigma_{zul};\ \sigma^{\lambda}_{d\,zul} = P : F$$

	λ	0	10	20	30	40	50	60	70	80	90	100	110	120	130	140	150
Für St 37.11	ω	1	1,01	1,02	1,05	1,1	1,17	1,26	1,39	1,59	1,88	2,36	2,86	3,41	4,0	4,64	5,32
	σ_k	2400							2318	2237	2155	2073	1713	1439	1326	1057	921
Für St 51.11	ω	1	1,02	1,04	1,08	1,15	1,23	1,36	1,54	1,82	2,28	3,54	4,3	5,1	6	7	8
	σ_k	3600							3200	2820	2430	2073	1713	1539	1226	1057	921
Guß-eisen	ω	1	1,01	1,05	1,11	1,22	1,39	1,67	2,21	3,5	4,43	5,45	Bei Brücken gilt Eulersche Formel für $\lambda \geqq 80$				
	σd_{zul}	900	890	860	810	739	649	538	403	257	203	165					

Für gußeiserne Säulen $J = 6\ P l^2$ (P in t; l in m) $\lambda = 80$ ist $\sigma_{zul} = 257$ kg/cm²

176. Erfahrungsformeln für Ermittlung des Querschnittes: (P in t; l in m; F in cm²); $E = 2\,100\,000$ kg/cm²

λ		σ_F kg/cm²	σ_{zul} kg/cm²	F = cm²	λ	J cm⁴
< 100	37,11	2400	1400	$(P : 1{,}4) + 0{,}577\, k\, l^2$	> 100	$1{,}69\ P l^2$
	48,11	3120	1820	$(P : 1{,}82) + 0{,}675\, k\, l^2$		$1{,}69\ P l^2$
	52	3600	2100	$(P : 2{,}1) + 0{,}718\, k\, l^2$		$1{,}69\ P l^2$

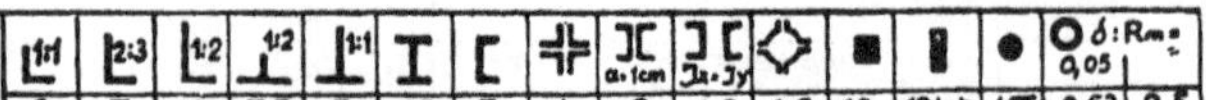

Werte für 176 k =	6	7	11	7,5	5	10	7	4	6	1,2	1,8	12	12 b:h	4π	0,63	2,5

177. Sicherheitswerte S_d für Stahl = 5; Gußeisen = 6 ÷ 8; Holz = 10

178. **Drehung, Drillung** (Zeiger $t =$ Drehung)

179. $M_t = P r = 71\,620\; N : n = W_t \cdot \max \tau_t$;
Drillung $\vartheta = M_t : G\, J_t = \psi : l$;
Arbeit der Verdrehung
$A = M_t\, \vartheta l : 2 = \eta_4 \tau^2\, V : G$
$\eta_4 = M_t\, \vartheta\, G : 2\, F \max \tau_t^2 = W^2 : 2\, F\, J_t$; $W_t = J_t : e$
$e =$ größter Randabstand von Mitte
Elast. Arbeit, in 1 cm³ aufgesp.
$A : V = \eta_4 \max \tau^2 : G$

η-Werte für Rechteck

$n = h : b$	1	1,5	2	3
η_2	4,81	4,33	4,07	3,74
η_3	0,14	0,196	0,229	0,263
η_4	0,154	0,136	0,182	0,136
$n = h : b$	4	6	10	Platte
η_2	3,55	3,35	3,20	3,0
η_3	0,281	0,299	0,313	0,333
η_4	0,141	0,149	0,156	0,167

180. Zulässige Drillmomente und Drillungen

	M_t (mit τ_{zul})	Drillung ϑ	η_4
	$0{,}196\, d^3\, \tau_{zu}$ $0{,}098\, d^4\, G\, \vartheta$	$2 \max \tau : G\, d$	$^1/_4$
	$0{,}196\, (D^4 - d^4)\, \tau : D$ $0{,}098\, (D^4 - d^4)\, G\, \vartheta$	$2 \max \tau : G\, d$	$^1/_4 \cdot (1 + d^2 : D^2)$
	$0{,}196\, b^2\, h \cdot \tau$ $0{,}196\, n^3 b^4\, G\, \vartheta : n^2 + 1$	$\frac{n^2+1}{n^2} \frac{\max \tau}{G\, b}$	$^1/_8 \cdot (1 + 1 : n^2)$
	$0{,}217\, d_m\, F\, \tau$ $0{,}133\, d_m^2\, F\, G\, \vartheta$	$1{,}635 \frac{\max \tau}{G\, d_m}$	0,1774
	$0{,}223\, d_m\, F\, \tau$ $0{,}130\, d_m^2\, F\, G\, \vartheta$	$1{,}716 \frac{\max \tau}{G\, d_m}$	0,1913
	$0{,}208\, h^3\, \tau$ $0{,}1404\, h^4\, G\, \vartheta$	$1{,}481 \frac{\max \tau}{G\, h}$	0,154
	$h : b > 4$: $\approx h\, b^2\, \tau : 3{,}3$ $\approx 3\, n\, G\, \vartheta\, b^4$	$\approx \max \tau \approx G\, \vartheta\, b$	
	$\tau\, h\, b^2 : \eta_2$ $\eta_3\, h\, b^3\, G\, \vartheta$	$\frac{\max \tau}{\eta_2\, \eta_3\, G\, b}$	s. Tafel

181. **Schub, Scherung**

182. Parabolisches Verteilungsgesetz: $\tau_s = \max \tau_s = 3Q : 2F = 1{,}5\, \tau_m$; mittl. Spannung $\tau_m = Q : F$. Kreisquerschnitt $\max \tau_s \pm {^4/_3} \cdot Q : F$; Kreisringquerschnitt $\max \tau_s = 2\, Q : F$; Rechteckquerschnitt $\max \tau_s = 1{,}5\, Q : F$; Biegespannung ist zu berücksichtigen (vgl. Abs. 188), z. B. nach Figur: $\sigma_b = {^1/_2} \cdot P x : W$; $x = l/2 - b/4$

183. Abscherspannungswerte im Hochbau s. Tab. 8

184. **Biegung** (Spannungen s. Tab. 1÷13)

$M_b = W \cdot \sigma_b$ zul;
σ_b zul $= M_b : W$;
$W = M_b : \sigma_b$ zul $= J : e$
$\min i = \sqrt{\min J : F}$

Auflagedruck
$A = [P_1 (b + c) + P_2 \cdot c] : l$;
$B = P_1 + P_2 - A$;
(Graphisches Verfahren s. Abs. 18)

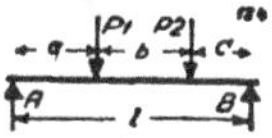

185. Äquatoriale Trägheitsmomente und Widerstandsmomente ($e =$ Schwerpunktachse)

min i	J cm⁴	W cm³			W cm³	J cm⁴	min i
$0{,}289\, b$	$b h^3 : 12$	$b h^2 : 6$			$0{,}0906\, R^3$	$(1 + 2\sqrt{2}) \times R^4 : 6$	$0{,}257\, d$
$0{,}289\, h$	$h^4 : 12$	$h^3 : 6$			$\pi r^3 : 4$	$\pi r^4 : 4 = 0{,}785\, r^4$	$r : 2$
$0{,}289\, h$	$h^4 : 12$	$\sqrt{2}\, h^3 : 12$			$\pi (R^4 - r^4) : 4\, R$	$\pi \cdot (R^4 - r^4) : 4$	
	$b (H^3 - h^3) : 12$	$b (H^3 - h^3) : 6\, H$			$0{,}1908\, r^3$	$0{,}1098\, r^4$	
$0{,}289 \cdot \sqrt{H^2 + h^2}$	$(H^4 - h^4) : 12$	$(H^4 - h^4) : 6\, H$			$0{,}7854\, a^2 b$	$0{,}7854\, a^3 b$	
$0{,}262\, d$	$5\sqrt{3}\, R^4 : 16$	$0{,}625\, R^3$			$\approx \pi a (a + 3b)\, \delta : 4$	$\pi (a^3 b - a_1^3 b_1) : 4$	

$J = BH^3 + bh^3 : 12$
$W = BH^3 + bh^3 : 6H$

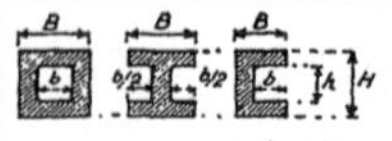

$J = BH^3 - bh^3 : 12$
$W = BH^3 - bh^3 : 6H$

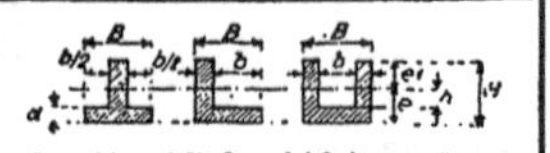

$J = {}^1/_3 \cdot (Be^3 - bh^3 + a\,e_1^3)$
$e = {}^1/_2 (aH^2 + b \cdot d^2) : (aH + bd)$

186. Träger mit verschiedener Lagerung und Belastung

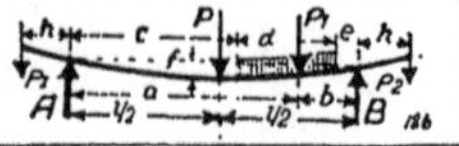

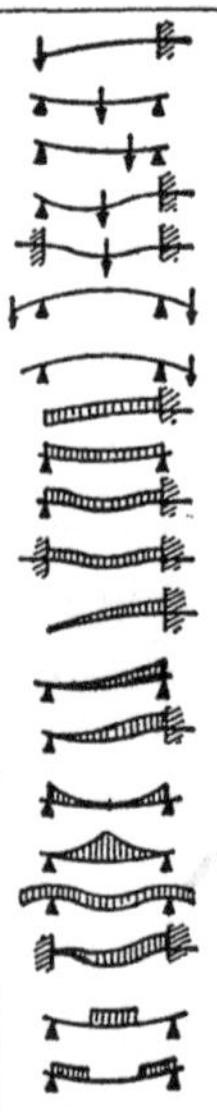

Auflagedruck A, B	max M_b cmkg	Tragkraft P kg	W cm³	Durchbiegung f cm
$B = P$	Pl	σ_b zul $W : l$	$Pl : \sigma_b$ zul	$Pl^3 : EJ3$
$A = B = P : 2$	$Pl : 4$	$4\sigma_b$ zul $W : l$	$Pl : 4\sigma_b$ zul	$Pl^3 : EJ48$
$A = Pb : l$ $B = Pa : l$	$Pba : l$	σ_b zul $Wl : ba$	$Pba : l\sigma_b$ zul	$Pl^3 a^2 b^2 : EJ3 \cdot l^4$
$A = 5P : 16$ $B = 11P : 16$	$3\,Pl : 16$	$16\sigma_b$ zul $W : 3l$	$3Pl : 16\sigma_b$ zul	$Pl^3 7 : EJ768$
$A = B = P : 2$	$Pl : 8$	$8\sigma_b$ zul $W : l$	$Pl : 8\sigma_b$ zul	$Pl^3 : EJ192$
$A = B = P$	$P \cdot h_{konst}$	σ_b zul $W : h$	$Ph : \sigma_b$ zul	$Pl^3 h : EJ8l$
$A = Ph : l$ $B = P(l+h) : l$	$M_B = Ph$	σ_b zul $W : h$	$Ph : \sigma_b$ zul	$Pl^2 h : EJ9\sqrt{3}$
$B = P$	$Pl : 2$	$2\sigma_b$ zul $W : l$	$Pl : 2\sigma_b$ zul	$Pl^3 : EJ8$
$A = B = P : 2$	$Pl : 8$	$8\sigma_b$ zul $W : l$	$Pl : 8\sigma_b$ zul	$P5l^3 : EJ384$
$A = {}^3/_8 P$ $B = {}^5/_8 P$	$Pl : 8$	$8\sigma_b$ zul $W : l$	$Pl : 8\sigma_b$ zul	$Pl^3 : EJ185$
$A = B = P : 2$	$Pl : 12$	$12\sigma_b$ zul $W : l$	$Pl : 12\sigma_b$ zul	$Pl^3 : EJ384$
$B = P$	$Pl : 3$	$3\sigma_b$ zul $W : l$	$Pl : 3\sigma_b$ zul	$Pl^3 : EJ15$
$A = {}^1/_3 P$ $B = {}^2/_3 P$	$0{,}128\,Pl$	$7{,}794\,\sigma_b$ zul $W : l$	$Pl : 7{,}794\sigma_b$ zul	$0{,}01304\,Pl^3 : EJ$
$A = {}^1/_5 P$ $B = {}^4/_5 P$	$Pl : 7{,}5$	$7{,}5\sigma_b$ zul $W : l$	$Pl : 7{,}5\sigma_b$ zul	$Pl^3 : 209{,}63\,EJ$
$A = B = P : 2$	$Pl : 12$	$12\sigma_b$ zul $W : l$	$Pl : 12\sigma_b$ zul	$P3l^3 : EJ320$
$A = B = P : 2$	$Pl : 6$	$6\sigma_b$ zul $W : l$	$Pl : 6\sigma_b$ zul	$Pl^3 : EJ60$
$A = B = P : 2$	$\approx Pl : 47$	$47\sigma_b$ zul $W : l$	$Pl : 47\sigma_b$ zul	
$A = {}^3/_{10} P$ $B = {}^7/_{10} P$	$Pl : 10$	$10\sigma_b$ zul $W : l$	$Pl : 10\sigma_b$ zul	$Pl^3 : EJ382$
bei $c = e$ ist $A = B = P : 2$; $W\sigma_b$ zul $= P\,(l : 2 - d : 4) : 2$ bei c größer oder kleiner als e ist $A = P\,(2e + d) : 2l$; $B = P\,(2c + d) : 2l$; $W = A\,[c + (dA : 2P)]$				
$A = B = P$; $W = Pd : 2 = P\,(l - 2d) : 4$				

187. Zusammengesetzte Festigkeit (Zeiger v = Gesamtanstrengung)

188. Schub und Biegung, wenn $l > 0{,}325\,d$ bzw. $l > 0{,}325\,h$; $\sigma_v = \max \sigma_b = 1{,}73 \max \tau_s$; $\sigma_v = \sqrt{\sigma_a^2 + (1{,}73\,\tau_a)^2}$; (Zeiger a = Anschlußstelle); Rechteck $\max \tau_s = 1{,}5\;P : F$; Kreisrund $\max \tau_s = 1{,}33\;P : F$; Kreisring $\max \tau_s = 2\;P : F$

189. Verdrehung und Biegung Anstrengungsfaktor $\alpha_0 = \sigma_b$ zul : (1,73 τzul) Ideelles $M_i = 0{,}376\;M_b + 0{,}625\sqrt{M_b^2 + (\alpha_0 M_t)^2}$; $M_i = W\sigma_b$; $W = M_i : \sigma_b$zul $\max \sigma_v = 0{,}35\,\sigma_b + 0.65\sqrt{\sigma_b^2 + 4\alpha_0^2\tau^2}$

190. Zug oder Druck und Verdrehung $\sigma_z = P : F$; $\sigma_0 = \sigma_z$zul : (1,73 τzul) $\sigma = 0.35\,\sigma_z + 0{,}65\sqrt{\sigma_z^2 + 4\,(\alpha_0\tau)^2}$; Anstrengungsfaktor $\alpha_0 \approx 1$

191. MASCHINENBAUTEILE (Bezeichnungen siehe auch Abs. 167)

192. Gefäße. Zylindrisch mit innerem Überdruck p [kg/cm²] annähernd:

$R = r\sqrt{(\sigma_z \text{zul} + 0,4\,p):(\sigma_z \text{zul} - 1,3\,p)}$; $\delta = r\,p:\sigma_z \text{zul}$; $\sigma_z$zul Gußstahl ~ 1500
für kleine $\delta = Rp : 2\,\sigma_z \text{zul}$; $\sigma_z$zul Gußeisen ~ 300

193. Platten. δ = cm Dicke; f = in Mitte; μ = Querzahl, hier 0,3; σ = Spannung in Mitte; $N = E\delta^3:[12\,(1-\mu^2)] = E\delta^3 : 10,92$ [kg/cm];

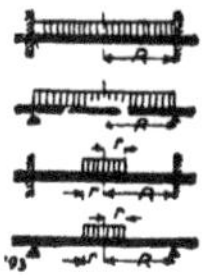

193

1. $f = Q \cdot R^4 : 64\,N = 0,171\,Q\,R^4 : E\,\delta^3$;
   $\sigma = -0,488\,Q \cdot R^2 : \delta^2$;
2. $f = (5+\mu)\,Q\,R^4 : [64\,(1+\mu)\,N] = 0,696\,Q\,R^4 : E\delta^3$;
   $\sigma = -1,24\,Q\,R^2 : \delta^2$;
3. $f = 0,217\,Q\,[R^2 - 0,75\,r^2 - r^2 \ln(R:r)] : E\,\delta^3$;
   $\sigma = -0,62\,Q\,[\ln(R:r) + 0,25\,(R:r)^2] : \delta^2$;
4. $f = 0,217\,Q\,[2,54\,R^2 - 1,52\,r^2 - r^2 \ln(R:r)] : E \cdot \delta^3$;
   $\sigma = -3Q\,[4 - (1-\mu)\,(r:R)^2 + 4\,(1+\mu)\ln(R:b)] : 8\,\pi\,\delta^2$

Rechteckige Platten. Werte $x = p \cdot b^4 : N$; $y = p \cdot b^2 : h^2$; $N = E\delta^3 : 10,92$ [kg/cm]

freiaufliegend	$a:b=$	1,0	1,5	2	3	∞
	$f=$	0,065 x	0,123 x	0,162 x	0,195 x	0,208 x
	σ/maxσ	−1,16 y/−1,16 y	−1,15 y/−1,95 y	−1,10 y/−2,44 y	−0,96 y/−2,86 y	−0,90 y/−3,0 y

eingespannt	$a:b=$	1	1,5	∞
	f/σ/max σ	0,0204 x/—0,53 y/—0,53 y	0,0352 x/—0,48 y/0,87 y	0,0417 x/—0,3 y/1,0 y

194. Federn (Biegefedern): n = Windungszahl; R, r = äußerer, innerer Windungshalbmesser; P = Druckkraft; l = Drahtlänge [m]; d = Drahtdurchmesser; f = Durchbiegung; $G = 3,33\,E : 8,66$; $m = 3,33$

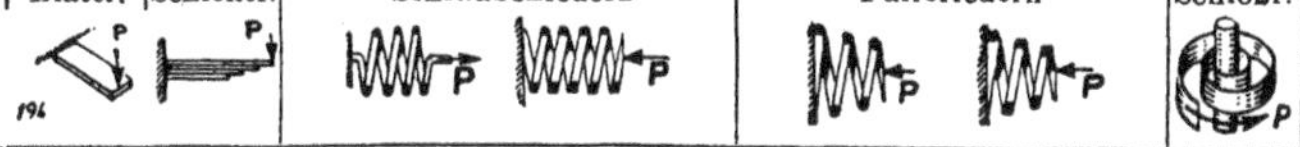

194

	Blattf.	Schichtf.	Schraubenfedern		Pufferfedern		Schloßf.
$P=$	$\sigma_b \dfrac{b\,h^2}{6\,l}$	$n\,\sigma_b \dfrac{b\,h^2}{6\,l}$	$\dfrac{\pi\,d^3}{16\,r}\tau_t$	$\dfrac{2\,b^2\,h}{9\,r}\tau_t$	$\dfrac{\pi\,d^3}{16\,r}\tau_t$	$\dfrac{2\,b^2\,h}{9\,r}\tau_t$	$\dfrac{b\,h^2}{6\,r}\sigma_b$
$f=$	$\dfrac{4\,l^3\,P}{6\,h^3\,E} = \dfrac{2\,l^2\sigma_b}{3\,h\,E}$	$\dfrac{6\,l^3\,P}{n\,b\,h^3 E} = \dfrac{l^2\,\sigma_b}{h\,E}$	$\dfrac{64\,n\,r^3\,P}{d^4\,G} = \dfrac{4\,\pi\,r^2\,\tau_t}{d\,G}$	$7,2\,\pi\,n\,r^2 \dfrac{(b^2+h^2)\,P}{b^3\,h^3\,G} = 1,6\,\pi\,n\,r^2 \dfrac{(b^2+h^2)\,\tau_t}{b\,h^2\,G}$	$\dfrac{16\,r^2\,l\,P}{\pi\,d^4\,G} = \pi\,n \dfrac{r^2\,\tau_t}{d\,G}$	$1,8\,r^2\,l \dfrac{b^2+h^2\,P}{b^3\,h^3\,G} = 0,4\,\pi\,n\,r^2 \dfrac{b^2+h^2\,\tau_t}{b\,h^2\,G}$	$12 \dfrac{l\,r^2\,P}{b\,h^3 E} = 2 \dfrac{r\,l\,\tau_t}{h\,E}$

195. ZAHNGETRIEBE

196. Bezeichnungen:

a Achsenabstand
B ,, -Verschiebungswinkel
b Zahnbreite
C Wälzpunkt
D, d Durchmesser
e Eingriffslänge
f Fläche
h Zahnhöhe
i Übersetzungsverhältnisse
k Kopfhöhe
L, l Längen
M_d Drehmoment
m Modul
N Leistung
n Umdrehungen
P Kraft

R, r Halbmesser
S Spiel
s Zahndicke
t Teilung
U Umfangs-Kraft
u ,,-Geschwindigkeit
V Verlust
W Widerstandsmom.
x Profilverschiebg.-Faktor

α Flankenwinkel
β Schrägungswinkel

γ Steigungswinkel
ϑ Achsenwinkel
δ Dicke
ε Überdeckungsgrad
ξ Genauigkeitsfaktor
η Wirkungsgrad
μ Reibungsfaktor
ϱ Reibungswinkel
σ Biegespannung
τ Drehspannung
ω Winkelgeschwindigkeit

Zeiger:
a außen
f Fuß
i innen
g gleitend bzw. gesamt
k Kopf
l Länge
m mittel
n normal
p plan
r reibend
s Stirn
t tangential
u Umfanggsch.
v Verschiebung
1,2 klein, groß

198. Evolventenverzahnung bevorzugt, genormt: Wälzverfahren. Achsenabstand kann fehlerlos bis zu den Kopflinien zwecks Spiellosigkeit eingestellt werden. Zykloidenverzahnung, Wälzverfahren: Genauer Achsenabstand Bedingung. Innenverzahnung, Hohlräder; Anschmiegung der Zahnkurven, geringe Abnutzung, Raumersparnis, geräuschlos. Zapfenräder erfordern genaue Teilung (Malteserkreuz). Epyliptische Räder für periodisch wechselnde Winkelgeschwindigkeiten. Übersetzungsverhältnis $i_1 = \omega_1 : \max \omega_2 = r_2 : r_1$; $i_2 = r_1 : r_2 = \omega_1 : \min \omega_2$

199. Zahnarten:

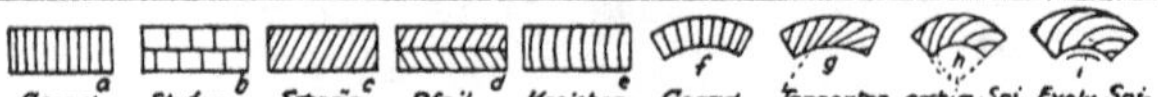

a Gerad-Zähne, b Stufen-Zähne, c Schräg-Zähne, d Pfeil-Zähne, e Kreisbog-Zähne, f Gerad Zähne, g Tangenten Zähne, h archim. Spiralzähne, i Evolv. Spiralzähne

200. Berechnung: (Die —Werte sind für Hohlräder) Werkstattangabe: Werte $\alpha h m$; bei genormten Evolventen genügt Wert m. Vgl. DIN 869 Bl. 1. $i = d_2 : d_1 = z_2 : z_1 = n_1 : n_2 = \omega_1 : \omega_2$ Eingriffslinie ist konstruktiv zu ermitteln. Eingriffslänge e = Weg auf der Wälzbahn. Eingriffswinkel $\alpha = 15^0$ und genormt $\alpha = 20^0$. Überdeckungsgrad ε = Maßstab für Verteilung der Umfangskraft auf mehrere Zähne. Bei Evolventen-Planverzahnung ist $\max \varepsilon = e : t = 2h : t \sin 2\alpha = 4y : \sin 2\alpha$, wobei mit $y = 1$ und

$\alpha =$	10^0	15^0	20^0	25^0	30^0
$\max \varepsilon =$	3,72	2,55	1,98	1,66	1,47

Für $z < 50$, und $i = 1 : 1$ ist

$z_1 = z_2$	10		20		30		40	
$\alpha =$	20^0	15^0	20^0	15^0	20^0	15^0	20^0	15^0
$\varepsilon =$	1,4	1,3	1,5	1,7	1,65	2,05	1,7	2,3

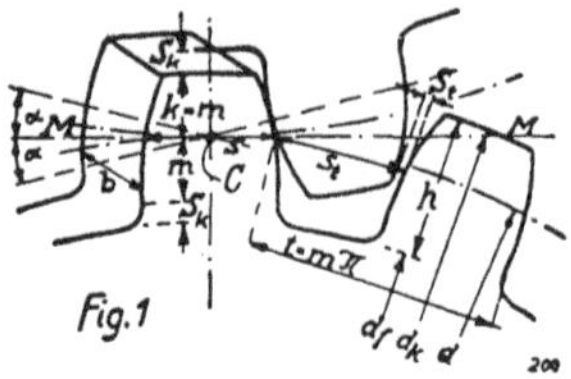

Fig. 1

200

$t = m\pi = d\pi : z$	$h = 2m$
$m = d : z = t : \pi$	$k = ym : y = 1$
$d = zt : \pi = mz$	$b = \min 2{,}5\,t$
$d_k = m(z \pm 2)$	$s = t : 2 - S_{k1} : 2$
$d_f = d - (k + S_k)$	$s_f = t : 2 + s_f : 2$

$S_k = 0{,}1 \div 0{,}3$ m, üblich $m : 10$, $m : 6$, $m : 5$. S_f rohe Z. $= t : 20$, bearb. Z. $= t : 40$. Achsabstand $a = d_1 : d_2 \pm d_2 : 2 = m(z_1 \pm z_2) : 2 = (1 \pm i) z_1 m : 2$

201. Radkörper. Kranz $\delta = t : 2$; Verjüng. $t : 40 \div t : 60$; Nabe $\delta = {}^1/_5 \div {}^1/_4 \cdot (d_1 + d_0/2) + 1$ cm; [d_1 Welle, d_0 Bohrung], wobei d_1 für $M_d = \sigma_t d_0 : 4$; Nabe $L = 1{,}2\, d_1 \div 1{,}5\, d_1$ oder $L \geqq b + 0{,}05\, d/2$; Anzahl der Arme $x = {}^1/_7 \sqrt{d} \div {}^1/_8 \sqrt{d}$; Arm-Querschnitt $Pl = \sigma_b W x$; $W = \delta l : 6$, wobei B = Breite, l = Länge von Nabe bis Kranz. Kreuzförmige Arme mit $d = B : 5$ wird für $\sigma_b \approx 300$ kg/cm² $B = \sqrt[3]{Pl : 2{,}5\,x}$; B verjüngt sich auf $\sim 0{,}8\, B$. Lange Naben: Aussparung 0,4 bis 0,5 d_0

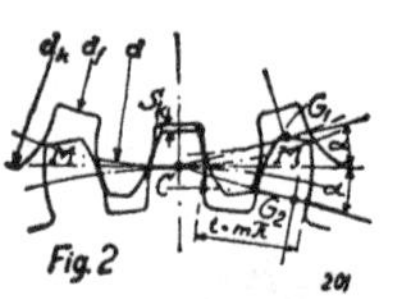

Fig. 2

201

202. Umfangskraft: $M_d = Pr = 71\,620\; N : n$ [m/kg]; $N = Pu : 75$

203. Umfangsgeschwindigkeit: $u = r\pi n : 30$ [m/s] (s. Abs. 24). Für Gußeisen, bearb. $u = 4 \div 6$; roh $u = 1 \div 3$ [m/s]; Stahlguß, roh $u = 1 \div 2$ [ms]; für raschlaufende Zahnräder $u = 6 \div 60$ [m/s]

204. Biegebeanspruchung $\sigma_b$zul in kg/cm²; $P = btc$; σ_b zul $= 14\,c$

Gußeisen, Perlit	$350 \div 450$	$c = 25 \div 32$
Stahlguß	$500 \div 960$	$c = 35 \div 65$
Flußstahl (St $50 \div 60$)	$800 \div 1400$	$c = 55 \div 100$

Leg. Stähle, ungehärtet	1000 ÷ 1400	$c =$ 70 ÷ 100
Leg. Stähle, gehärtet	1400 ÷ 2800	$c =$ 100 ÷ 200
Rotguß.	500 ÷ 600	$c =$ 35 ÷ 43
Phosphorbronze	700 ÷ 800	$c =$ 50 ÷ 55
Deltametall	1000	$c =$ 70
Deltametall, geschmiedet.	1100	$c =$ 80
Holz, Weißbuche, trocken	80 ÷ 230	$c =$ 5,5 ÷ 16
Rohhaut	200 ÷ 300	$c =$ 14 ÷ 21

Für Krafträder bei langsamer Bewegung $\sigma_{b\,zul}$ s. Tab. 1, Fall II (Hütte I, S. 195)

205. Reibungsverlust: $[V_r]$ $N = Pu$; $N_r = \mu\xi\, Pu_g$; $V_g = N_r : N = \mu\xi\, u_g : u_n$ [%]. Bei Evolventenverzahnung ist $v_n = u \cos\alpha$ und $v_g = \mu\xi\varepsilon\pi : (2 \cdot z_1 \pm 2 \cdot z_2)$; Reibungsverlust im Lager $v_2 = \xi\,(\mu_1 r_3 \omega_1 + \mu_2 r_4 \omega_2) : u_n$; bei Evolventenverzahnung $V_l \approx \mu\xi\,(r_3/d_1 + r_4/d_2$ [r_3 und r_4 = Zapfenhalbmesser]; $\mu = 0{,}05$

206. Wirkungsgrad: Bei bester Ausführung und Schmierung $\eta = 98 \div 99\,\%$, bei stark abgenutzten Zähnen $5 \div 15\,\%$ weniger oder $\eta = (1 - V_g)(1 - V_1)$

207. Null-Räder für kleine Zähnezahl, abweichend vom Normalprofil. Grenzwert $z = 12$; bei $\alpha\,20°$, $y = 0{,}7$; Vergrößerung des Eingriffswinkels bei $h = 2ym$ (Stumpfzähne) und $\alpha\,20°$, $z = 12$, $y = 0{,}8\,u_n$. Unterschneidung beginnt bei prakt. Grenzwert $z = 2y : \sin^2\alpha$, darunter beginnt Profilverschiebung (s. Abs. 208). Grenzwerte bei $\alpha\,15°$, $z = 25$ und genormt bei $\alpha\,20°$, $z = 14$, und $\alpha\,25°$, $z = 9$; $\alpha\,30°$, $z = 7$. Bei $\alpha\,20°$ ist $z_1 + z_2 \gtreqless 28$ und bei $\alpha\,15°$ ist $z_1 + z_2 \gtreqless 50$

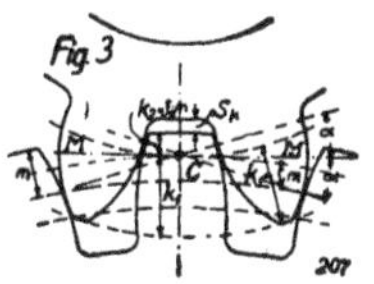
Fig. 3 (207)

208. Vau-Räder, korrigiert durch Profilverschiebung sind Räder für kleinere Zähnezahlen (Fig. 3). Wälzpunkt C wird um $\pm xm$ verschoben, wobei $x = (14 - z) : 17$ für $\alpha\,20°$ und $x = (25 - z) : 30$ für $\alpha = 15°$ ist, Grenzwerte $z = 7$ bei $\alpha = 20°$ und $z = 8$ bei $\alpha = 15°$; $S_k = 0{,}2$ m. Bei $\alpha\,15°$ und $z_1 + z_2 \lesseqgtr 26$ müssen Zahnköpfe abgedreht werden. $d_k = m\,(z + 2y \pm 2x)$, $y = 1$.

Achsabstand $a_v = a_0 + B_v$; $B_v = B : \sqrt[4]{1 + (13 \cdot B : a_0)}$; $B = xm$; für $\alpha = 20°$ ist $x = (14 - Z_1) : 17 + (14 - Z_2) : 17$; für $\alpha = 15°$ ist $x = (25 - Z_1) : 30 + (25 - Z_2) : 30$

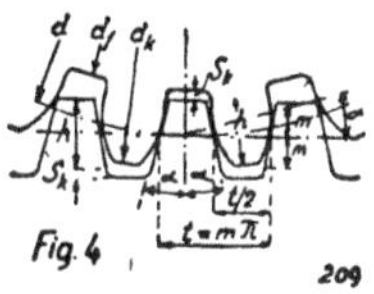
Fig. 4 (209)

209. Evolventen-Planverzahnung (DIN 867) bedingt gleiche Lückenbreite (Fig. 4) in *MM*. Genormt ist $\alpha = 20°$, wobei Zahnlücke $s_l = t : 2$, $h = 2\,m$, $S_k = 0{,}1 \div 0{,}3$ m ist. Überdeckungsgrad ε siehe Abs. 200

210. Kegelräder (Fig. 5): $i = \sin\delta_2 : \sin\delta_1 = r_2 : r_1 = z_2 : z_1 = n_1 : n_2 = \omega_1 : \omega_2$; Teilung ist bei Evolventen-, Spiral- und bei Kreisbogenzähnen mit dem Zahn-Grundkreishalbmesser anzugeben. $\alpha = 20°$ auch $15°$. Bei Planverzahnung ist $z_p = z_1 : \sin\delta_1 = z_2 \sin\delta_2$; $t = m\pi = d\pi : z_p$ oder mit Planteilwinkel $\tau_p = 360° : z$. Ohne Verjüngung: Gerad-, Kreisbogen- oder Evolventenspiralzähne. Für kleine Zähnezahlen s. Abs. 208, jedoch für $\alpha\,20°$ ist $x = (14 - z : \cos\delta) : 17$ und für $\alpha = 15°$ ist $x = (25 - z : \cos\delta) : 30$

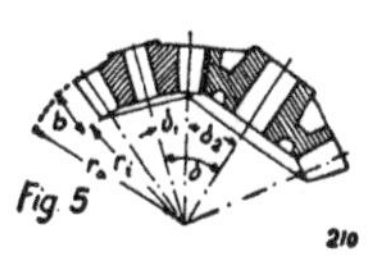
Fig. 5 (210)

211. Schrägzahnräder und -verzahnung. Umfangskraft höchstens $^3/_2$ so groß als bei Geradzähnen, $U : bh = 1{,}5\,\sigma_b : 10$; oder $U : bh = 1{,}5\,\sigma_b : 14$; $m_n \approx 0{,}8$ m; $z_s = (z \cos\beta) : 0{,}8$. Verzahnung: $\cos\beta = \sin\gamma = t_n : t_s = m_n : m_s = y_s : y_n = e : e_n$ [e = Projektion der Planverzahnungs-Eingriffslinie), s. Abs. 208; [Zeiger s = schräg, n = normal]. $m_n = (d_0 \cos\beta) : z$; Krümmungsradius $r_n = r_0 : \cos^2\beta$; $z_n = z : \cos^3\beta$. Ohne Unterschneidung für $\alpha = 20°$ und $h = 2$ m. Für Profilverschiebung (s. Abs. 208), jedoch mit $\alpha = 20°$, $x = (14 - z : \cos^3\beta) : 17$, wobei min $z/\beta° = 7/0°$, $6/18°$, $5/27°$, $4/35°$, $3/42°$ ist. Durch Größe der Schrägung kann Profilverschiebung vermieden werden. Überdeckungsgrad max $\varepsilon = 4 \cos\beta/\pi \sin 2\alpha_s$, nimmt mit zunehmendem β ab.

min z =	14	13	12	11	10	9	8	7	6	5
$\beta \approx$	0	13	19	23	28	32	35	39	43	47

β =	0		30		45		60		75	
α_s =	15°	20°	~17°	~23°	~21°	~27°	~28°	~36°	46°	54,5°
max ε_p =	2,55	1,98	1,94	1,54	1,27	1.1	0.77	0.67	0,33 $\alpha = 15°$	0,35 $\alpha = 20°$

212. Schraubengetriebe

213. Kräfte (Fig. 6) [Zeiger 1 = Schnecke, 2 = Rad]. P = Komponenten auf Querlager, ∥ zur Vektorenebene. P_a = Axialkräfte; P_n = Normalkraft; $P_n = P_1/\cos\beta_1 = P_2/\cos\beta_2$; auf Längslager $P_{a1} = P_1 \operatorname{tg}\beta_1$; $P_{a2} = \operatorname{tg}\beta_2$; bei $\delta = 90°$ ist $P_1 = P_{a2}$ und $P_2 = P_{a1}$

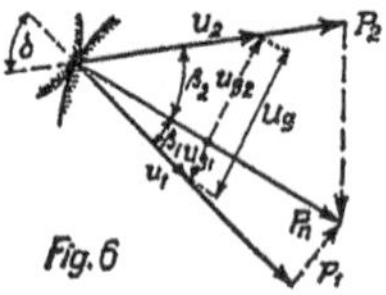

Fig. 6

213

214. Geschwindigkeiten (Fig. 6): $u_n = u_1 \cos\beta_1 = u_2 \cos\beta_2 = u_{g1} \operatorname{ctg}\beta_1 = u_{g2} \operatorname{ctg}\beta_2$. Liegt C in der Kreuzungslinie der Wellenachsen, so ist $u_1 = r_1\omega_1$ und $u_2 = r_2\omega_2$

215. Übersetzungsverhältnis: Liegt Berührungspunkt C (Fig. 1) in der Kreuzungslinie der Wellenachsen oder die Vektorenachse senkrecht zu ihr, dann ist $i = (r_2 : r_1)\ (\cos\beta_2 : \cos\beta_1) = \omega_1 : \omega_2$. Schraubengetriebe (Fig. 7, 9) bei $\delta = 90°$, ist $i = \omega_1 : \omega_2 = r_2 : r_1 \cdot \operatorname{tg}\beta_1 = (r_2 : r_1) \cdot \operatorname{tg}\beta_2 = (r_2 : r_1) \cdot \operatorname{ctg}\gamma_1 = (r_2 : r_1) \operatorname{tg}\gamma_2$. Für $r_1 = r_2$ ist $i = \omega_1 : \omega_2 = \cos\beta_2 : \cos\beta_1$. Für $\beta_1 = \beta_2$ ist $i = \omega_1 : \omega_2 = r_2 : r_1$. Geschränktes Schraubengetriebe (Fig. 8) mit $\delta_1\ \delta_2$ = Berührungskegelwinkel, $i = (r_2 : r_1)\ (\cos\beta_2 : \cos\beta_1)\ (\sin\delta_2 : \sin\delta_1) = \omega_1 : \omega_2$

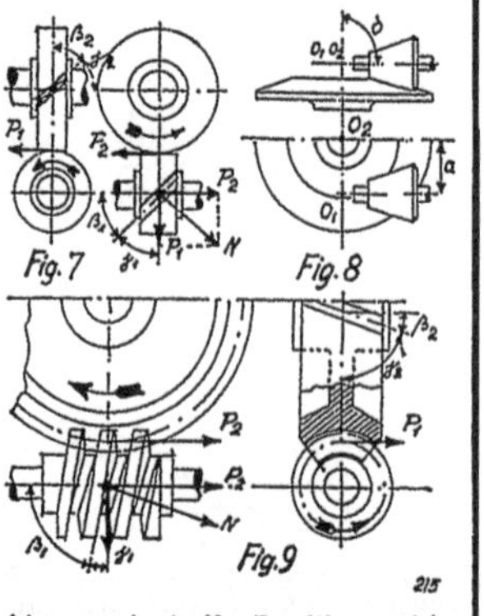

215

216. Drehsinn: Rechtwinkelig-kreuzend: beide Räder rechts- bzw. linksgängig. Bei schrägzähnigen Rädern das eine rechts-, das andere linksgängig

217. Schnecke mit Schneckenrad (Zylinderschraube): Schnecke 1- bis 4-, max 6gängig; $i = z_2 : z_1 = n_1 : n_2 = \omega_1 : \omega_2$. Bei $2\alpha = 30°$ ist $z_2 < 30$, bei $2\alpha = 40°$ ist $z_2 < 17$; $h = 2$ m, beginnt Unterschneidung, deshalb Profilverschiebung, s. Abs. 208; oder größerere 2α oder kleinere Zahnhöhe. Bei Profilverschiebung $+ xm$ wird Mutterrad $d_{ma} = d_m + 2m\ (+ 2xm)$, wobei für $\alpha\ 20°$, $x = (14 - z) : 17$ und $\alpha = 15°$, $x = (25 - z) : 30$ ist. Achsabstand $a_v = (d_m + d_s) : 2 + xm$. Zentriwinkel nach Stribeck $\operatorname{tg}\beta = a : (r : t + 0{,}6)$

z_2 =	28	36	45	56	62	68	76	84
a =	1,9	2,1	2,3	2,5	2,6	2,7	2,8	2,9

Schneckenlänge für $\gamma \gtreqless 20°$ ist $L = 2{,}5\ m \sqrt{z_2}$; Wirkungsgrad [ϱ = Reibungswinkel], zweckmäßig $\gamma_1 = 20° \div 45°$. Für $\delta = 90°$ und $\gamma_1 + \gamma_2 = 90°$ ist $\eta = \operatorname{tg}\gamma_1 : \operatorname{tg}(\gamma_1 + \varrho) = 1 - \mu \operatorname{tg}\gamma_1 : 1 + \mu \operatorname{tg}\gamma_1$. Für $\delta = 90° - \beta$ ist $\eta = \sin\gamma_1 \sin(\gamma_2 - \varrho) = \sin\gamma_2 \sin(\gamma + \varrho)$

Gesamtwirkungsgrad nach Gruson bei

z_1 =	1	2	3	4	5
max $\eta \approx$	0,7	0,8	0,85	0,9	0,95

218. Zylindrische Schrägzahnräder (Flankenlinie = Schraubenlinien) mit genormter m. $h = 2\,m$, $\alpha = 15^\circ$ ist $e = 2{,}38\,t$ und $\alpha = 20^\circ$ ist $e = 1{,}74\,t$; $b = e \sin \beta$; $\alpha \lesseqgtr 15^\circ$ zweckmäßiger. Konstruktive Lösung s. Fig. 10. Gegeben a, i, δ, m; gesucht $\beta_1\,\beta_2\,r_1\,r_2$. Achsen I und II mit δ. Suche A mit $AB = z_1 m_1$ und $AG = z_2 m_2$ bei versuchsweiser Annahme von $z_2 : z_1 = i$. Durch Abpassen Linie ED durch A mit $a = r_2 + r_1$. Dann kann $\beta_1, \beta_2, r_1, r_2$ abgegriffen oder rechnerisch ermittelt werden $a = r_1 + r_2 = z_1 m : \cos \beta_1 + z_2 m : \cos \beta_2$. Senkrechte FC auf ED gibt Flankenrichtung und Flankenlinie an. Vorteil: Achsen fehlerfrei zu nähern zwecks Spielfreiheit, auch axiale Verschiebung. Nachteil: Punktberührung, nach Einlaufen ist Verschiebung unzulässig.

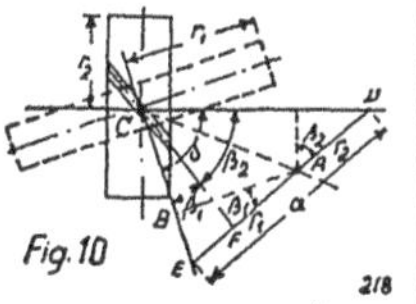

Fig. 10

219. Wellen und Achsen. Wellen übertragen Drehmomente M_d und sind vielfach auf Biegung beansprucht. Achsen sind nur auf Biegung beansprucht. $\tau = M_d : W_d \lesseqgtr \tau_{t\,zul}$ [kg/cm²]. $M_d = 71\,620\,(N : n)$ [cm/kg] | Wellendurchmesser und Drehmomente siehe Tab. 35

$$d = \sqrt[3]{(360\,000 : \tau_{t\,zul})\,(N : n)}$$

Bei $d = c = \sqrt[3]{N : n}$ ist für $\tau_{t\,zul}$ = 100 200 360 400 800 kg/cm²
c = 15,3 12,2 10 9,65 7,7

Für Wellen aus gewöhnlichem Walzstahl ist $\tau_{t\,zul} = 120$ und $c = 14{,}4$ einzusetzen.

220. Leistung normaler und langer Triebwerkswellen bei $\tau_{t\,zul} = 120$ kg/cm²

d	mittl. Länge		lange W.*		d	mittl. Länge		lange W.*		d	mittl. Länge		lange W.*	
cm	M_d cm kg	N/n	M_d cm kg	N/n	cm	M_d cm kg	N/n	M_d cm kg	N/n	cm	M_d cm kg	N/n	M_d cm kg	N/n
2,5	376	0,0052	136	0,0019	5,5	3990	0,055	3160	0,044	11	31900	0,444	50570	0,706
3	648	0,0094	279	0,0039	6	5180	0,072	4480	0,063	12,5	47000	0,655	84400	1,177
3,5	1030	0,014	516	0,0072	7	8230	0,0114	8290	0,116	14	65860	0,915	132700	1,85
4	1540	0,021	881	0,0123	8	12290	0,0172	14140	0,198	16,8	98300	1,36	226400	3,16
4,5	2190	0,030	1420	0,0198	9	17500	0,243	22660	0,316	18	140000	1,94	362600	5,06
5	3000	0,042	2160	0,030	10	24000	0,333	34530	0,482	20	192000	2,67	552600	7,72

221. Lange Wellen:

$d =$	3	5	7	10	15	cm
$\tau_{t\,zul} =$	52	87	120	174	260	kg/cm²

Für $\tau_{t\,zul} = 120$ ist $d = 12\,\sqrt[4]{N : n} = 0{,}734\,\sqrt[4]{M_d}$ oder $M_d = 3{,}454\,d^4$

222. Drehzahl nach Kutzbach $n_m = n\sqrt{N}$, tatsächlich $n = n_m : \sqrt{N}$; tatsächlich $M_d = M_1 : N$.

Genormte Drehzahlen (DIN 112) und Drehmomente je PS; $M_1 = M_d : N$ [cm kg]

n	M_1	n	M_1	n	M_1	n	M_1	n	M_1	n	M_1
25	2865	50	1430	100	716	200	358	400	179	800	90
28	2560	56	1280	112	638	225	318	450	159	900	80
32	2240	63	1140	125	573	250	287	500	143	1000	72
36	1990	71	1010	140	511	280	256	560	128	1120	64
40	1790	80	895	160	447	320	224	630	114	1250	57
45	1590	90	796	180	398	360	199	710	101	1400	51

223. Verdrehung der Welle: ϑ = Drillung, ψ = Verdrehungswinkel, Bogenmaß; $\vartheta = r\psi : l = \tau_{t\,zul} : G = M_d / W_d \cdot G$ [G = Gleitmodul]. Für Wellen mit verschiedenen Abschnitten: $r \cdot \psi = \Sigma\,(l : W_d) \cdot M_d : G = l_r\,\tau_{t\,zul} : G$

224. Durchbiegung der Wellen und Lagerentfernung. Lagerentfernung $l \leqq 100\sqrt{d}$; Durchbiegung durch Kupplungen vermeiden. Ist spätere größere Belastung beabsichtigt, so ist $l \leqq 110\sqrt[3]{d}$

225. Wellenlängen bei $d = 3 \div 5$ ist $L = 4 \div 6$ [m]; bei größeren Durchmessern L nicht über 7 m, wegen Eisenbahnversand. Fabrikwellen max $L = 20$ m, und diese in der Mitte antreiben.

226. Schrauben. Abmessungen siehe Tabellen 37 bis 39

227. Zulässige Beanspruchungen (siehe auch Abs. 172): roh geschnitten St 38 σ_d zul $= 480$; St 60 σ_d zul $= 640$; sauber gedreht St 38 σ_d zul $= 600$; St 60 σ_d zul $= 800$ kg/cm²

228. Wirkungsgrad: $\eta = \mathrm{tg}\,\gamma : \mu$; $\mu = 0{,}2$; z. B. 1″ Whitworth ist $\mathrm{tg}\,\gamma = 0{,}04$; $\eta = 20\,\%$

229. Axialkraft: $P_a = \sigma_d$ zul $(d^2\pi : 4)$ [d = Kern, D = Außen]

230. Tangentialkraft am Außenhalbmesser $= 0{,}15 \cdot P_a$; $P_i = P_a\,(\mathrm{tg}\,\alpha \pm \mu_1) = 0{,}1\ P_a \div 0{,}15\ P_a$

231. Schubspannung am Kernumfang $\tau = 0{,}15\ P \cdot R : (d^3 : 5)$ und $\tau : \sigma \approx 0{,}3\ D : d$

232. Schrauben- und Gewindearten:	Whitworthform, kreisbogenförmige Abrundung 3/16″ bis 6″. Sellersform (Zoll), Grundlage: gleichseitiges Dreieck, 3/16″ bis 6″. Trapezform, Bewegungsgewinde (Spindeln) $d = 10$ bis 300 mm. Sägenform, bei Kraft von ständig gleicher Richtung (10 ÷ 300 mm). Rundgewinde, z. B. für Feuerwehrarmaturen, Eisenbahnkupplung. Metrisches Gewinde DIN 13, 14 (Grundlage: Sellersform). Rohrgewinde, Whitworth (Zoll) 1/8″ bis 18″, Innendurchmesser DIN 259. Feingewinde, metrisch, $d = 2{,}3$ bis 499 mm; DIN 244/247, 516/521.

233. Steigung, Belastungswerte und Abmessungen siehe Tabellen 37 bis 39.

234. Niete. Q = zu übertragende Kraft; f = Querschnitt; n = Zahl der Nietschnitte; s = Blechstärke; t = Teilung; p = Leibungsdruck; d = Durchmesser. $Q = \tau_n \cdot n\,f$; für die Blechbeanspruchung $Q_1 = b\,s\,\sigma_z\,x$; τ_n = zul. Beanspruchung $= 700$ kg/cm²; $\tau = 4/5\,\sigma_z$; Güteverhältnis $x = (t - d) : t$; $s = Q : (b\,\sigma_z\,x)$; $s_1 = Q_1 : (\sigma_z \cdot x)$ [b = Blechbreite]

235. Nietung für Eisenbau: $d \approx \sqrt{5s}\ 0{,}2$; Auflagepressung $p < 2\,\sigma_z$ zul; Nietabstand $\geqq 2{,}5\,d$; Randabstand $\geqq 1{,}5$ bis $2\,d$

236. Heftniete:

Nietabstand	$\leqq 5\,d$,	Winkeleisen mit Blech	$s = 8$ bis 11 mm
„	$\leqq 6\,d$	„ „ „	$s > 11$ mm
„	$\leqq 8\,d$	„ „	Winkeleisen, Randabstand $\leqq 2{,}5\,d$ bei $s = 14$ mm
			„ $\leqq 2{,}8\,d$ bei $s > 14$ mm

237. Nietungen für Behälter: $d = \sqrt{5s} - 0{,}4$ [cm]; Randabst. $= t : 2$, $t = 3\,d + 0{,}5$ cm

238. Warmniete DIN 123—124; Formen DIN 265; Nietformen DIN 123, 124, 301, 302, 303. Nietungen für Kesselbau siehe Hütte II.

239. Handkurbel: Hebelarm $R = 20 \div 40$ cm; Wellenmitte über Boden 0,8—1,2 m (gut 1 — 1,15 m) Kurbeldruck des Arbeiters: ~ 8 ÷ 15 kg, kurzzeitig 20 kg. Umfangsgeschwindigkeit: 0,5 ÷ 1,0 m/s. Kurbelgriff: 30 ÷ 50 cm lang, Rohr außen 40 ÷ 50 mm Durchm.; Welle 30 bis 40 mm Durchm.

240. Flaschenzüge und **241.** Übertragungshebel

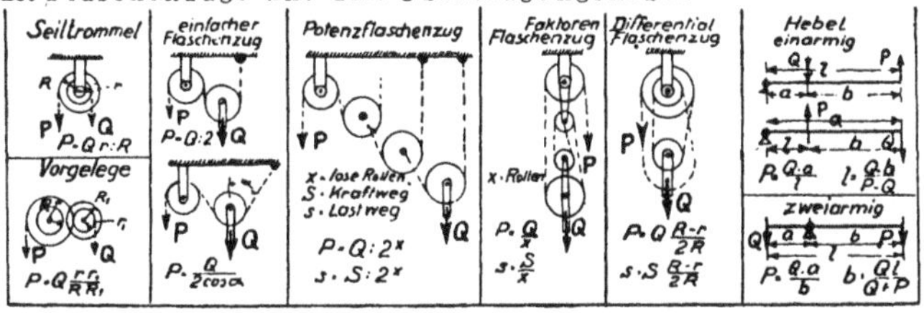

242. Lebender Motor: Leistung und Ernährung erwachsener Männer

243. Höchstleistungen:

Art der Arbeit	Dauer	mkg/s	Art der Arbeit	Dauer	mkg/s
an der Handkurbel	90 min	12,5	Ziehen	48 s	30
„ „ „	30 „	12,5	Treten	30 s	60,9
„ „ „	15 „	17	Fahrrad, stationär	3 h	13,6
„ „ „	5 „	19,5	Treppensteigen	8 h	10,5
„ „ „	$1^1/_2$ „	27,7	„ „ mit Last	8 h	11,0
an der Spritze	2 „	30	Wettrudern	7 min	18,7

244. Schwere körperliche Arbeit:

Optimale Wirkungsgrade %	
Feilen	9,4
Stoßen gegen Hebel	14,0
Kurbeln, drehen	20,0
Schieben, Karren	27,0
Gehen wagerecht	33,5

Gewichtheben, Gewicht = G, Energieverbrauch = E

Hubhöhe	50 cm		100 cm		150 cm		200 cm	
Ausgangs-	G	E	G	E	G	E	G	E
höhe 0 cm	26,1	44,5	22,6	38,8	21,4	35,6	18,3	38,7
50 „	22,2	37,5	17,7	34,0	16,4	31,9		
100 „	15,8	28,7	15,0	29,0				

245. Kalorienverbrauch, stündlich, bei folgenden Tätigkeiten

	kcal/h		kcal/h		kcal/h		kcal/h
Schneider	45	Lithograph	52,7	Maler	~ 144	Näherin, Masch.	~ 36
Schreiber	49	Mechaniker	92,3	Schreiner	~ 140	Aufwartefrau	~ 127
Zeichner	73	Metallarbeiter	141	Holzsäger	~ 393	Waschfrau	~ 159

246. Ernährung: obere Grenze 5500 bis 6000 kcal täglich, dazu 90 bis 110 g Eiweiß; untere Grenze 2500 kcal. Wärmeabgabe täglich 2700 cal = 2,7 kcal

247. Leistung in 8 Stunden 17300 bis 28300 mkg ohne Raubbau bei 8 mkg/s

248. Zugtiere: Pferd (Omnibus) 5½ Std. 1420497 mkg, 55 km, 26 kg also 72 mkg/s ~ 75 mkg/s, Zugkraft 25,9 kg

249. MATHEMATIK

250. Bezeichnungen:

$+$	plus, und	: /	geteilt durch	$\equiv$	identisch gleich
$-$	minus, weniger	$=$	gleich	$<$	kleiner als
$\cdot$	mal	$\neq$	nicht gleich	$>$	größer als
		$\not\equiv$	nicht identisch gleich	$\leqq$	kleiner oder gleich

$\leq$ größer oder gleich	! Fakultät	M_b Modul des Log-Syst.
∞ unendlich	$\sphericalangle$ Winkel	zur Basis $M_0 = \lg e$
$\cong$ kongruen	$\triangle$ Dreieck	log Logarithmus
$\sim$ ähnlich	d vollst. Differential	^{a}Log „ zur Basis a
$\approx$ nahezu gleich	∂ partielles „	lg gewöhnl. Basis e
$\cdots$ bis	sin cos } Trigonometr.	ln natürlicher „
$\sqrt{\ }$ Wurzel	tg ctg } Funktionen	div Divergenz
$\perp$ senkrecht	arc sin Kreis Funktion	rad Radiant
$\parallel$ parallel	𝔖in 𝔈of } Hyperbel-	grad Gradient
# gleich und parallel	Tg Ctg } Funktionen	5 μ Mikron 10^{-6}
$\uparrow\uparrow$ gleichgesinnt	lim Limes	A Angström 10^{-10}
$\uparrow\downarrow$ gegensinnig	$\int$ Integral	10^{-3} bedeutet 0,001
$\vert\ \vert$ Determinate		10^3 „ 1000
$\vert\ \vert$ Betrag von		1^0 Altgrad
		1^g Neugrad

251. Potenzen: In $a^4 = a \cdot a \cdot a \cdot a = b$ ist a Basis, b Potenz, 4 Exponent; $a^2 \cdot b^2 = (ab)^2$; $a^2 : b^2 = (a:b)^2$; $1 : a^2 = (1:a)^2 = a^{-2}$; $a^3 \cdot a^2 = a^{3+2}$; $a^3 : a^2 = a^{3-2}$; $(a^2)^3 = (a^3)^2 = a^{2 \cdot 3}$; $a^2 - b^2 = (a+b)(a-b)$; $a^3 \pm b^3 = (a \pm b)(a^2 \mp ab + b^2)$; $(a \pm b)^2 = a^2 \pm 2ab + b^2$; $(a \pm b)^3 = a^3 \pm 3a^2b + 3ab^2 \pm b^3$; $2\sin^2\alpha = 1 - \cos 2\alpha$; $2\cos^2\alpha = 1 + \cos 2\alpha$; $4\sin^3\alpha = -\sin 3\alpha + 3\sin\alpha$

252. Wurzeln: In $\sqrt[x]{a} = b$ ist a Radikand, b Wurzel, x Wurzelexponent; $\sqrt{a} = b$ entspricht $b^2 = a$; $\sqrt{a} = a^{1:2}$; $\sqrt{ab} = \sqrt{a} \cdot \sqrt{b}$; $\sqrt{a:b} = \sqrt{a} : \sqrt{b}$; $\sqrt{1:a} = a^{-1:2} = 1 : \sqrt{a}$; $\sqrt{a^n} = a^{n:2} = (\sqrt{a})^n$; $\sqrt{a} \pm \sqrt{b} = \sqrt{a + b \pm 2\sqrt{ab}}$; $\sqrt[3]{a^3 \pm b} \approx a \pm b : 3a^{3-1}$; $\sqrt{a^2 \pm b} \approx a \pm b : 2a$

253. Logarithmen: $^b\log a = c$ ist b Basis (Grundzahl), a Numerus, c Logarithmus. $^b\log a = c$ entspricht $b^c = a$; $^b\log(a \cdot b) = {}^b\log a + {}^b\log b$; $^b\log(a:b) = {}^b\log a - {}^b\log b$; $^b\log(a^2) = 2\,{}^b\log a$; $^b\log\sqrt{a} = (1:2)\,{}^b\log a$. Gewöhnliche (Briggische) Logarithmen für Grundzahl 10 [lg]; $\lg(a \cdot 10^n) = \lg a + n$; $\lg(a:10)^n = \lg a - n$; $\lg(10^n) = n$; $\lg(10^{-n}) = -n$. Kennzahlen: $\lg 0{,}0012 = 0{,}0792 - 3$; $\lg 0{,}012 = 0{,}0792 - 2$; $\lg 0{,}12 = 0{,}0792 - 1$; $\lg 1{,}2 = 0{,}0792$; $\lg 12 = 1{,}0792$; $\lg 120 = 2{,}0792$; $\lg 1200 = 3{,}0792$. Natürliche Logarithmen für Grundzahl $e = 2{,}718281\ldots$ [ln]; $\ln(a \cdot 10^n) = \ln a + \ln(10^n)$; $\ln(a : 10^n) = \ln a - \ln(10^n)$; $\ln(e^{\pm n}) = \pm n$. Stellenwert-Beispiele: $\ln 0{,}12 = 0{,}8797 - 3$ oder $0{,}12 = e^{0{,}8797-3}$; $\ln 1{,}2 = 0{,}1823$; $\ln 12 = 2{,}4849$; $\ln 120 = 4{,}7875$; $\ln 1200 = 7{,}09008$. Umrechnung vom lg zum ln: Beispiel:

$$\lg 14 = 0{,}43429 \ln 14 = 0{,}43420 \cdot 2{,}638998 = 1{,}146091$$
$$\ln 14 = 2{,}30259 \lg 14 = 2{,}30259 \cdot 1{,}146091 = 2{,}638998$$

254. Permutationen (Anordnung aller Elemente in jeder mögl. Reihenfolge), z. B.: $n = 3$; *abc, acb, bac, bca, cab, cba*; $n = 3$, $p = 2$; *abb, bab, bba*

255. Kombinationen (Anordnung zu je r Elementen ohne Rücksicht auf Reihenfolge). Ohne Wiederholung: jede K. enthält dasselbe Element nur einmal, z. B. *ab, ac, bc*, und Anzahl der überhaupt möglichen K. von ungleichen Elementen, z. B. $n = 3$, $r = 2$, *a, b, c*: *ab, ac, bc*; *abc* Mit Wiederholung, dasselbe Element bis zu $r$mal enthalten: z. B. $n = 3$, $r = 2$, *a, b, c*: *aa, ab, ac, bb, bc, cc*

256. Variationen: Die möglichen Variationen von n Elementen zur $r$ten Klasse, z. B. $n = 3$, $r = 2$, für *a, b, c*, ohne Wiederholung: *ab, ac, bc, ba, ca, cb*; mit Wiederholung *aa, ab, ac, bb, bc, cc, ba, ca, cb*

257. Arithmetische Reihe. Für die Reihe a, $a + b$, $a + 2b$, $a + 3b \ldots a + (n-1)b$ ist das $n$te Glied $u = a + (n-1)b$ und die Summe $S = {}^1/_2 \cdot (a + u)\,n = (n:2)\,[2a + (n-1)\,d]$

258. Geometrische Reihe. Für Reihe $a\ ax\ ax^2 \ldots ax^{n-1}$ ist das $n$te Glied $u = ax^{n-1}$ und die Summe $S = a\,(x^n - 1):(x - 1) = (xu - a):(x - 1)$. **Einfachster Fall:** $1 + x + x^2 + x^3 \ldots + x^{n-1} = (1 - x^n)(1 - x)$

259. Summenreihen: $1 + 2 + 3 + 4 + \ldots + (n-1) + n = n(n+1):2$; $1 + 3 + 5 + 7 + \ldots + (2n-3) + (2n-1) = n^2$; $2 + 4 + 6 + 8 + \ldots + 2n = n(n+1)$; $1^2 + 2^2 + 3^2 + 4^2 + \ldots + (n-1)^2 + n^2 = n(n+1)(2n+1):1 \cdot 2 \cdot 3$; $1^2 + 3^2 + 5^2 + 7^2 + \ldots + (2n-1)^2 = {}^1/_3 \cdot n(2n-1)(2n+1)$; $2^2 + 4^2 + 6^2 + \ldots + (2n)^2 = {}^2/_3 \cdot n(n+1)(2n+1)$

---

260. Winkelmaße: Altgrad $1^\circ = {}^1/_{90}\,\llcorner = \pi/180$ rad $= {}^{10}/_9{}^g$; Neugrad $1^g = {}^1/_{100}\,\llcorner = \pi/200$ rad $= {}^9/_{10}{}^\circ$; Radiant 1 rad $= 2/\pi\,\llcorner = 180/\pi^\circ = 200/\pi^g$; rechter $\llcorner = 90^\circ = 100^g = \pi/2$ rad

---

261. Funktionen desselben Winkels: $\sin^2\alpha + \cos^2\alpha = 1$; $\sin\alpha : \cos\alpha = \mathrm{tg}\,\alpha$; $\cos\alpha : \sin\alpha = 1 : \mathrm{tg}\,\alpha = \cot\alpha$; $\sin\alpha = \sqrt{1 - \cos^2\alpha} = \mathrm{tg}\,\alpha : \sqrt{1 + \mathrm{tg}^2\alpha}$; $\cos\alpha = \sqrt{1 - \sin^2\alpha} = 1 : \sqrt{1 + \mathrm{tg}^2\alpha}$

---

262. Funktionen zweier Winkel: $\sin(\alpha \pm \beta) = \sin\alpha\cos\beta \pm \cos\alpha\sin\beta$; $\cos(\alpha \pm \beta) = \cos\alpha\cos\beta \mp \sin\alpha\sin\beta$: $\mathrm{tg}(\alpha \pm \beta) = (\mathrm{tg}\,\alpha \pm \mathrm{tg}\,\beta) : (1 \mp \mathrm{tg}\,\alpha\,\mathrm{tg}\,\beta)$; $\mathrm{ctg}(\alpha \pm \beta) = (\mathrm{ctg}\,\alpha\,\mathrm{ctg}\,\beta \mp 1) : (\mathrm{ctg}\,\beta \pm \mathrm{ctg}\,\alpha)$

---

263. Teile eines Winkels: $\sin\alpha\sin\beta = {}^1/_2\cos(\alpha - \beta) - {}^1/_2\cos(\alpha + \beta)$; $\sin\alpha\cos\beta = {}^1/_2\sin(\alpha + \beta) + {}^1/_2\sin(\alpha - \beta)$; $\sin 2\alpha = 2\sin\alpha\cos\alpha$; $\sin 3\alpha = 3\sin\alpha - 4\sin^3\alpha$; $\cos 2\alpha = \cos^2\alpha - \sin^2\alpha$; $\cos 3\alpha = 4\cos^3\alpha - 3\cos\alpha$

---

264. Kugel-Dreiecke [r Radius des umschr. Kreises]:
Sinussatz: $a : \sin\alpha = b : \sin\beta = c : \sin\gamma = 2r$;
Cosinussatz: $a^2 = b^2 + c^2 - 2bc\cos\alpha$;
Tangentensatz: $(a + b) : (a - b) = \mathrm{tg}[(\alpha + \beta) : 2] : \mathrm{tg}[(\alpha - \beta) : 2]$:
Projektionssatz: $a = b\cos\gamma + c\cos\beta$
Mollweidesche Formeln:
$(a + b) : c = \cos[(\alpha - \beta) : 2] : \cos[(\alpha + \beta) : 2] = \cos[(\alpha - \beta) : 2] : \sin(\gamma : 2)$;
$(a - b) : c = \sin[(\alpha - \beta) : 2] : \sin[(\alpha + \beta) : 2] = \sin[(\alpha - \beta) : 2] : \cos(\gamma : 2)$

---

265. Rechtwinkelige Dreiecke: $\sin\alpha = a : c$; $\cos\alpha = b : c$; $\mathrm{tg}\,\alpha = a : b$; $\mathrm{ctg}\,\alpha = b : a$; $a^2 + b^2 = c^2$; $h^2 = m \cdot n$; $h : n = m : h$; $h : a = b : c$; $h^2 = a^2 b^2 : (a^2 + b^2)$

Fig. 1
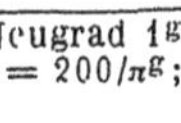

---

266. Schiefwinkelige Dreiecke: $c = a\sin\gamma : \sin\alpha = a\sin(\alpha + \beta) : \sin\alpha = b\cos\alpha \pm \sqrt{a^2 - b^2\sin^2\alpha} = \sqrt{a^2 + b^2 - 2ab\cos\gamma}$; $b = a\sin\beta : \sin\alpha$; $\alpha = (\alpha + \beta) : 2 + (\alpha - \beta) : 2$; $\beta = (\alpha + \beta) : 2 - (\alpha - \beta) : 2 = 180^\circ - (\alpha + \gamma)$; $\cos\alpha = (b^2 + c^2 - a^2) : 2bc$; $\mathrm{tg}\,\alpha = a\sin\gamma : (b - a\cos\gamma)$; $\sin\beta = b\sin\alpha : a$

---

267. Flächeninhalte [n = Seitenzahl; U = Umfang]: Rechtwinkeliges Dreieck: $F = {}^1/_2 \cdot ab = {}^1/_2 \cdot b^2\,\mathrm{tg}\,\alpha = {}^1/_2 c^2 \sin 2\alpha$; $c^2 = a^2 + b^2$; schiefwinkeliges Dreieck: $F = {}^1/_2 \cdot ah = {}^1/_2 \cdot ab\sin\gamma$; $F^2 = n(n - a)(n - b)(n - c)$; $n = {}^1/_2 \cdot (a + b + c)$; Viereck (Fig. 2): $F = {}^1/_2 \cdot (H + h)e = {}^1/_2 Ee\sin\varphi$; $n = {}^1/_2\,a + b + c + d$; Trapez [ab || Seiten]: $F = [(a + b) : 2]\,h$; Parallelogramm: $F = bh = ab\sin\gamma$; regelmäßiges Vieleck [n = Seitenzahl, Radius R = umschr. Kreis, r = eingeschr. Kreis, a = Seite]: $F = {}^1/_4 \cdot na^2\,\mathrm{ctg}\,\varphi = nr^2 \cdot \mathrm{tg}\,\varphi = {}^1/_2 \cdot nR^2 \sin 2\varphi$; $a^2/2 = R^2 - r^2$; $\varphi^\circ = 180^\circ : n$; $U = n \cdot a = 2nr\,\mathrm{tg}\,\varphi$; Kreis [$R, r$ = großer, kleiner Radius]: $F = \pi r^2 = {}^1/_4 \cdot U\,2r$; $U = \pi \cdot 2r$; Kreisring: $F = \pi(R^2 - r^2)$; Kreisringstück: $F = (\pi\varphi^\circ : 360)(R^2 - r^2)$; Kreisabschnitt [Fig. 3]: $s = 2r\sin(\varphi : 2)$; $h = 2r\sin^2(\varphi : 4) = s/2 \cdot \mathrm{tg}(\varphi : 4)$; $b = \pi r \cdot \varphi^\circ : 180$; $b^2 \approx s^2 + 16/3 \cdot h^2$; für $r = 1$ ist $b = \varphi^\circ \cdot \pi : 180^\circ$; $F = r^2/2 \cdot (\pi/180^\circ \cdot \varphi - \sin\varphi)$ Kreisausschnitt: $F = \varphi : 360^\circ \cdot \pi \cdot r^2$; $b = \pi r\varphi^\circ : 180^\circ$

Fig. 2
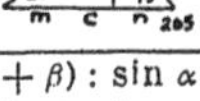

Fig. 3
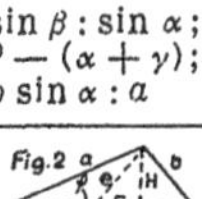

---

268. Körperinhalte und -oberflächen: V = Inhalt, O = Oberfläche, M = Mantel, F, f = große, kleine Grundfläche, H, h = große, kleine Höhe, $A, a, B, b \ldots$ große, kleine Längen. Prisma: $V = Fh$; Rechtw. Parallelepipedon: $V = abc$; $O = 2(ab + ac + bc)$ [abc Kantenlängen];

Pyramide: $V = \frac{1}{3} \cdot Fh$; abgestumpft: $V = \frac{1}{3} \cdot h (F + f + \sqrt{Ff})$; Obelisk: $V = \frac{1}{6} \cdot h [(2A + a) B + (2a + A) b]$; Zylinder: $V = Fh$ bzw. $= \pi \cdot r^2 h$, schief abgeschnitten: $V = \pi r^2 (H + h) : 2$; $M = \pi r (H + h)$; Zylinderhuf: $V = \frac{2}{3} \cdot r^2 h$; Kreiskegel: $V = \frac{1}{3} \pi r^2 h$; $M = \pi r \sqrt{r^2 + h^2} = \pi r s$; $s = \sqrt{r^2 + h^2}$; Kugel: $V = \frac{4}{3} \pi r^3$; $O = 4 \pi r^2$; Kugelabschnitt (Kalotte): $V = \frac{1}{3} \cdot \pi h^2 (3r - h)$; $M = 2 \pi r h$; Kugelzone: $V = \frac{1}{6} \cdot \pi h (3 R^2 + 3 r^2 + h^2)$; $M = 2 \pi r h$, wobei r = Kugelradius. Kugelausschnitt: $V = \frac{2}{3} \cdot \pi r^2 h$; $O = \pi r (2h + a)$; Faß: $V \approx \frac{1}{12} \cdot \pi h (2 D^2 + d^2)$

269. Zinseszinsrechnung [K = Kapital, i = Zinsfuß, n = Jahre, $e = 2{,}718$]:

K. bei jährlichen Zinsen $= K + (Kni : 100)$
K. bei jährlichen Zinseszinsen $= K (i + 100 : 100)^n$
K. bei stetigem Zinseszins $= K \cdot 2{,}718^{i \cdot n : 100}$
jährl. Zinsen $= Ki : 100$ Zinseszinstabelle s. Tab. 70 Zinsdivisortab. s Tb. 72

SCHRIFTTUM (Fortsetzung siehe „Formeln und Werte, Erster Teil".)

Pöschl, Th., Lehrbuch d. techn. Mechanik. 2. Aufl. Berlin: Springer 1930
Pöschl, Th.: Elementare Festigkeitslehre. Berlin: Springer 1936
Richter, R.: Elektrische Maschinen. 5 Bde. Berlin: Springer 1924/36
Rziha, E. v. und J. Seidener: Starkstromtechnik. 7. Aufl. Berlin: Ernst 1930/31
Schiebel, A.: Zahnräder. 3 Tle. Berlin: Springer 1930/34
Schüle, W.: Leitfaden d. techn. Wärmemechanik. 5. Aufl. Berlin: Springer 1928
Schultz, E.: Mathemat. u. techn. Tabellen. Essen: Baedeker (versch. Ausgaben)
Taschenbuch der Stoffkunde. Berlin: Ernst 1926
Vorschriften des Vereins Deutscher Elektrotechniker. Berlin: ETZ-Verlag.
Werkstoffhandbuch. Berlin: VDI-Verlag (versch. Ausgaben)
Wolf, Karl: Lehrbuch der techn. Mechanik starrer Systeme. Berlin: Springer 1931

INHALTSVERZEICHNIS Fortsetzung

Abs.			
		242	**Lebender Motor** (Menschenkraft)
		243	— Berufsleistungen
217	Zahn-Schnecke, Schneckenrad	244	— Höchstleistungen
		245	— Kalorienverbrauch
218	— Schraubenräder	246	— Ernährung
219	— Wellen, Achsen	247	— Leistung
220	— Formeln	248	— Zugtierleistung (Pferd)
221	— Leistung der Triebwellen	249	**Mathematik**
222	— Lange Wellen	250	— Bezeichnungen
223	— Drehzahlen	251	— Potenzen
224	— Durchbiegung	252	— Wurzeln
225	— Längen	253	— Logarithmen
226	— Schrauben	254	— Permutationen
227	— Beanspruchung	255	— Kombinationen
228	— Schrauben-Wirkungsgrad	256	— Variationen
229	— Axialkraft	257	— Arithmetische Reihe
230	— Tangentialkraft	258	— Geometrische Reihe
231	— Schubspannung	259	— Summenreihen (Beispiele)
232	— Arten	260	— Winkelmaße
233	— Tabellennachweis	261	— Winkelfunktionen
234	— Niete	262	— Funktionen zweier Winkel
235	— Eisenkonstruktionen	263	— Teile eines Winkels
236	— Heftnietung	264	— Kugel-Dreiecke
237	— Behälternietung	265	— Rechtwinkelige Dreiecke
238	— Warmnietung (Tab.-Nachweis)	266	— Schiefwinkelige Dreiecke
239	— Handkurbel	267	— Flächeninhalte
240	— Flaschenzüge	268	— Körperinhalte, Oberflächen
241	— Hebelübertragung	269	— Zinseszinsrechnung usw.

1. Auflage 1947. Lizenz Nr. US-E-179. Rich. Zawadzki, geb. 24. 5. 1882 in Soest/Westf.